Dieses Buch gehört:

....

ISBN 978-3-8000-5426-8

Gesetzt nach der derzeit gültigen Rechtschreibung.
Reihenlogo von Peter Friedl
Illustrationen von Michael Fleischmann
Satz und Layout: HP Buchdesign, Wendelstein

Printed by Tlačiarne BB s.r.o., Slovakia
1 3 5 7 6 4 2

Ueberreuter im Internet: www.ueberreuter.at

Lucy, die kleine Tierärztin

Text von Hans Bär
Illustrationen von Michael Fleischmann

UEBERREUTER

Inhalt

Pillen für das Nilpferd

Draußen schepperte es gewaltig.

„Das ist Frau Wulle“, erklärte Lucy dem Nilpferd. „Frau Wulle mit Benno.“

Frau Wulle kam mindestens einmal pro Woche angeradelt und jedes Mal konnte man sie und ihr Fahrrad schon von Weitem hören. Offenbar kannte sie niemanden, der einen Schraubenzieher besaß. Der hätte ihr mit ein, zwei Handgriffen das Schutzblech ordentlich angeschraubt, und schon hätte sich nicht mehr der ganze Landkreis die Ohren zuhalten müssen, wenn Frau Wulle mit ihrem Fahrrad unterwegs war. Vor allem Lucys Eltern wären dankbar gewesen.

„Benno ist wieder krank“, erklärte Lucy ihrem Nilpferd. Benno war mindestens einmal pro Woche furchtbar krank.

„Ha, ha“, machte Lucy. Diesem Benno,

fand Lucy, fehlte gar nichts. Ganz im Gegenteil. Würde Frau Wulle ihrem Benno ein paar Kekse weniger vorsetzen, bräuchte sie mit ihm nicht so oft zum Tierarzt zu radeln. Benno war rund und prall wie der Reifen eines Lastwagens. Wenn Benno ausnahmsweise zu Fuß ging, konnte er seinen Bauch nur mit Mühe über die Bordsteinkante hieven. Meistens jedoch

stopfte Frau Wulle ihren Benno in den Korb auf ihrem Rücksitz und radelte mit ihm durch die Gegend. Und auch jetzt thronte Benno natürlich dick und breit hinter Frau Wulle und guckte gelangweilt in die Landschaft.

„Ich würde die beiden ja jedes Mal wieder nach Hause schicken“, brummelte Lucy ärgerlich. Dabei wusste sie natürlich, dass ihre Eltern Benno und Frau Wulle nicht einfach vor die Tür setzen konnten. Schließlich waren ihre Eltern Tierärzte, und ob Benno nun wirklich krank war oder nicht – wer zu Lucys Eltern in die Praxis kam, war ein Patient.

„Schöner Patient“, grummelte Lucy weiter und streichelte das Nilpferd. „Der Einzige, der hier wirklich krank ist, das bist du.“

Das Nilpferd sagte nichts, doch das war auch gar nicht nötig. Man sah auf den ersten Blick, wie krank das Nilpferd war. Dem Nilpferd fehlte das ganze linke Vorderbein, eines seiner Ohren war eingerissen und einen Schnupfen schien es auch zu haben.

Das Nilpferd war so krank, dass es eigentlich dringend ins Bett gehörte. Wieder ärgerte sich Lucy über ihre Eltern. Der dicke Benno bekam jede Medizin, die es nur gab, aber Lucys Nilpferd sollte offenbar sehen, wie es von selbst gesund wurde.

Jedenfalls hatten sich Lucys Eltern irgendwann geweigert, das Nilpferd noch weiter zu behandeln. Lucy hatte ihre Eltern sogar im Verdacht, dass sie ihr das Nilpferd am liebsten weggenommen hätten.

„Puh", hatte Lucys Mutter eines Morgens beim Frühstück gesagt. „Nimm das Viech vom Tisch. Das muffelt ja schon richtig."

Seitdem musste das Nilpferd alleine frühstücken.

„Keine Sorge", sagte Lucy trotzig. „Ich krieg dich auch alleine wieder hin."

Doch in Wahrheit war sie sich da ganz und gar nicht mehr so sicher. Das eingerissene Ohr hatte sie schon viele Male geklebt, und ein neues Bein für das Nilpferd zu finden – das hatte Lucy längst

aufgegeben. Gegen den Schnupfen aber konnte man bestimmt etwas tun. Nur – wie kam sie an den Medikamentenschrank?

Lucy wohnte mit ihren Eltern in einem großen Haus, mitten zwischen Wiesen und Feldern. Unten, im Erdgeschoss, befand sich die Tierarztpraxis, in den beiden oberen Stockwerken waren die Wohnräume. Aber natürlich wurden die Medikamente nicht in der Wohnung aufbewahrt. Doch da half nichts. Das Nilpferd musste wenigstens seinen Schnupfen wieder loswerden.

Lautlos schlich sich Lucy die Treppe hinunter. Der Schrank mit den Medikamenten stand im Flur, sodass Lucy vom Wartezimmer aus nicht gesehen werden konnte.

Vorsichtig öffnete sie den Schrank. Oje – wie sollte sie unter all den Schachteln bloß das richtige Medikament finden?

Da unten war eine rote Schachtel, die sah so aus, als wären da Pillen gegen Schupfen drin. Behutsam zog Lucy an der Schachtel – aber offenbar nicht behutsam genug. Polternd fielen sämtliche Schachteln aus dem Schrank.

Sofort flog die Tür zur Praxis auf.

„Lucy!“, rief Lucys Vater wütend. „Was machst du am Medikamentenschrank?“

Aber Lucy war nicht weniger wütend.

„Das Nilpferd hat Schupfen! Es braucht Medizin.“

Lucys Vater kratzte sich am Ohr.

„Es wird Zeit, dass dieses Stofftier in Pension geht“, brummte er. „Ich glaube, unsere Tierärztin braucht dringend ein richtiges Haustier.“

Leserätsel

1. Was klappert an Frau Wulles Fahrrad?
2. Wo wohnt Lucy?
3. Wo bewahren Lucys Eltern ihre Medikamente auf?

1. Das Schutzblech.
2. In einem großen Haus zwischen Wiesen und Feldern.
3. In der Tierarztpraxis im Erdgeschoss, in einem Medikamentenschrank.

Ein Tier mit vielen Mägen

Lucy schüttelte entschlossen den Kopf.

„Nein“, sagte sie. „Ich will kein Meerschwein. Ich will kein Kaninchen. Ich will keinen Hund. Ich will ein Nilpferd.“

Ihr Vater und ihre Mutter sahen sich ratlos an. Was sollte man da machen? Dabei waren Lucys Eltern heilfroh gewesen, dass sich Lucy endlich bereit erklärt hatte, ihr altes Stofftier herzugeben.

Vor Jahren hatten sie ihr das drollige Plüschtier zum Geburtstag geschenkt, und seitdem hatte Lucy das Nilpferd, wo sie ging und stand, mit sich herumgetragen.

Inzwischen war das Nilpferd derart abgeknuddelt, dass man ihm das Nilpferd kaum noch ansah. Lucy brauchte endlich ein richtiges, lebendiges Haustier, darin waren sich Lucys Eltern völlig einig. Aber ein

Nilpferd kam natürlich gar nicht in Frage. Ein Nilpferd war schließlich kein Haustier.

„Und warum nicht?“, fragte Lucy trotzig. Aber sie konnten diese Frage nicht weiter erörtern, denn unten in der Praxis klingelte das Telefon.

„Bauer Emmrich“, erklärte Lucys Vater, als er wieder in die Küche kam. „Ich muss wohl raus.“

Es war bereits nach acht Uhr abends, doch auf dem Lande richteten sich die Patienten nun mal nicht nach der Uhrzeit.

Das war aber nur halb so schlimm. Lucys Eltern waren beide Tierärzte, und sie hatten die Woche unter sich aufgeteilt. Von Sonntag bis Mittwoch musste Lucys Mutter bei Notfällen zu den Patienten, den Rest der Woche übernahm Lucys Vater.

„Was ist?“, fragte er Lucy. „Willst du mit? Bei Emmrich gibt es aber keine Nilpferde.“

„Ha, ha“, machte Lucy. Ganz so blöd war sie nun doch nicht. Natürlich wollte sie mit zu Bauer Emmrich! Ein Besuch auf dem Bauernhof war immer ein Erlebnis, und wenn ihr Vater zu einem Notfall hinausfuhr, war das jedes Mal eine aufregende Sache. Ihre Eltern, das wusste Lucy, waren sehr gute Ärzte, und meistens bekamen sie ihre kranken Schützlinge wieder hin.

„Wer ist denn krank?“, fragte Lucy, als sie im Auto saßen und über die Landstraße zu Bauer Emmrich fuhren.

„Lisa“, sagte ihr Vater. „Lisa ist in Schwierigkeiten.“

Lucy wusste gleich Bescheid. Lisa war die

Lieblingskuh von Bauer Emmrich und Lisa sollte ein Kalb bekommen. Das war auf einem Bauernhof eigentlich keine große Sache, aber manchmal gab es doch Probleme und der Tierarzt musste helfen.

Lucy blickte aus dem Autofenster. Kühe waren für sie nichts Besonderes, aber sie wunderte sich trotzdem immer wieder über die Rindviecher.

Da standen die mächtigen Tiere regungslos auf den Wiesen, sahen mit großen Augen in die Ferne und kauten unablässig vor sich hin.

„Papa“, fragte Lucy. „Warum fressen Kühe eigentlich immer alles zweimal?“

„Tja“, grinste ihr Vater. „Weil ihr Magen noch viel größer ist als deiner.“

Lucy schwieg beleidigt. Was konnte sie dafür, dass sie immer so einen Riesenappetit hatte?

Ihr Vater grinste noch immer. „Wenn eine Kuh frisst, dann macht sie es genau wie du. Was sage ich dir jeden Tag?“

„Ja, ja“, dachte Lucy. Ihr Vater sagte schließlich alles Mögliche.

„‚Kau gut‘, sage ich immer. ‚Kau, bevor du runterschluckst.‘“

Lucy verdrehte die Augen. Das hörte sie tatsächlich jeden Tag.

„So eine Kuh kaut auch nie“, erklärte ihr Vater. „Die schluckt das meiste einfach runter. Allerdings – so eine Kuh hat gleich vier Mägen. Du hast bloß einen und darum darfst du es auch nicht wie die Kühe machen.“

„Brauchen Kühe denn wirklich unbedingt vier Mägen?“, grummelte Lucy.

„Unbedingt!“, rief ihr Vater. „Magen eins: da wird aus dem unzerkauten Gras eine richtige Kuh-Mahlzeit gemacht. Milliarden von Bakterien sind da am Werke. Magen zwei: da wird die Mahlzeit in Portionen aufgeteilt. Das Futter wird zu kleinen Kugeln gerollt und die wandern dann wieder in das Maul der Kuh. Jetzt endlich kann die Kuh in aller Ruhe kauen. Wiederkäuen nennt man das.“

Lucy staunte. Diese Rindviecher hatten ja wirklich sonderbare Essgewohnheiten.

„Na, und in den anderen beiden Mägen wird dann nur noch verdaut. So, wir sind da.“

Lucys Vater lenkte den Wagen durch die Toreinfahrt zu Bauer Emmrichs Hof.

„Puh“, dachte Lucy. Hoffentlich ging Kälberkriegen bei den Kühen leichter als das Fressen.

Leserätsel

1. An welchen Tagen hat Lucys Mutter Notdienst?
2. Wie viele Mägen hat die Kuh?
3. Was geschieht im zweiten Kuhmagen?

1. Von Sonntag bis Mittwoch.
2. Vier Mägen.
3. Die Mahlzeit wird in Portionen aufgeteilt und zu kleinen Kugeln gerollt.

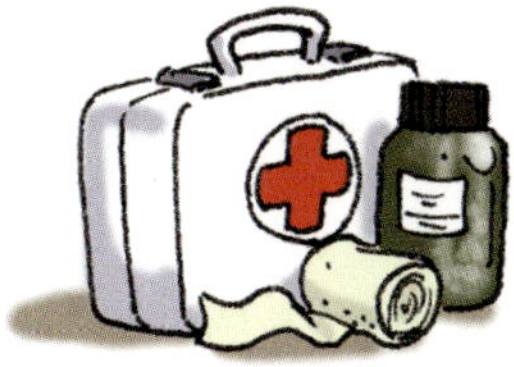

Eine schwierige Geburt

Bauer Emmrich lief bereits vor dem Stall auf und ab. Vor lauter Aufregung war er ganz grün im Gesicht. Lucys Vater aber patschte ihm beruhigend auf die Schultern.

„Das kriegen wir schon hin“, sagte er.

So etwas sagte Lucys Vater jedes Mal und meistens behielt er auch recht.

Lisa kniete auf ihren Vorderbeinen und sah sie mit großen Augen an. Offenbar wusste sie nicht so recht, wie ihr geschah und was all diese Aufregungen zu bedeuten hatten.

„Mh“, machte Lucys Vater, als er Lucy untersucht hatte. „Das Kälbchen lebt und ist ganz gesund. Aber es liegt quer.“

„Oh, oh, oh!“, jammerte der Bauer. Für einen Landwirt, fand Lucy, war Bauer Emmrich ziemlich empfindsam.

Schwierige Geburten waren auf einem Bauernhof doch nichts Ungewöhnliches!

Lucy hatte das Problem sofort verstanden. Das Kälbchen musste gerade liegen, mit den Vorderbeinen voran, damit es aus dem Leib der Mutter rutschen konnte. Und Lucy wusste auch, was ihr Vater jetzt tun würde. Er würde das Kälbchen mit seinen Händen ganz sacht herumdrehen. Im Stall war es ganz still, als Lucys Vater behutsam das Kälbchen in Lisas Bauch betastete. Nur der Bauer schnaufte heftig.

„Ja“, rief Lucys Vater. Er zog – und dann lag das Kälbchen im Stroh.

„Süß!“, hätte Lucy am liebsten gerufen, aber sie wollte nicht so unsachlich erscheinen wie Bauer Emmrich. Das frisch geborene Kalb hatte lange, dünne Beinchen, und schon in einer halben Stunde würde es versuchen, in die Welt hineinzustolpern. Jetzt aber putzte es seine Mutter erst einmal gründlich.
Sorgfältig leckte Lisa ihr Kälbchen ab.

„Siehst du?“ Bauer Emmrich knuffte Lucy in die Seite.

„So ist das auf dem Land. Über solche Kleinigkeiten braucht man sich doch gar nicht aufzuregen.“

„Ha, ha“, dachte Lucy. Hatte sie sich etwa aufgeregt?

„Jetzt brauchen wir erst mal eine kleine Stärkung“, sagte Bauer Emmrich und grinste.

„Kleine Stärkung", das kannte Lucy schon. Die Männer würden ein paar Bier trinken und dabei endlos über Tiere und Tierkrankheiten reden.

Doch als sie dann in der guten Stube des Bauernhauses saß, fühlte sie sich doch gleich ganz behaglich. Der Bauer hatte ihr eine Flasche Apfelsaft hingestellt.

„Selbst gemacht", hatte er gesagt, und es

klang, als wäre er auf seinen Apfelsaft mindestens so stolz wie auf das neugeborene Kalb.

„Hör mal“, sagte Lucys Vater zu Bauer Emmrich. Lucys Vater und Bauer Emmrich duzten sich, schließlich kannte auf dem Land jeder jeden. „Lucy braucht unbedingt ein Haustier. Aber sie ist ein bisschen wählerisch. Hast du nicht ein junges Nilpferd?“

Lucy wäre fast geplatzt vor Ärger. Wie kam ihr Vater dazu, sich in aller Öffentlichkeit über sie lustig zu machen! Sie hatte genau gesehen, wie ihr Vater dem Bauern zugezwinkert hatte.

Bauer Emmrich kratzte sich hinter dem Ohr.

„Nein“, brummte er. „Nilpferde habe ich gerade nicht. Aber Ferkel hätte ich jede Menge.“

Lucys Vater nickte ernst mit dem Kopf.

„Lucy, was meinst du? Möchtest du ein Schwein als Haustier?“

„Na warte“, dachte Lucy. Natürlich wusste sie ganz genau, dass ihr Vater sie nur foppen wollte. Aber diesen Spaß würde sie ihm gründlich versalzen.

„Oh ja!“, rief sie also ganz begeistert. „Ein Schwein! Das wäre super! Kann ich es gleich mitnehmen?“

Und dann musste sie sich auf die Zunge beißen, damit sie keinen Lachanfall bekam.

Ihr Vater und Bauer Emmrich starrten sie an. Ihr Vater hatte ja fest damit gerechnet, dass Lucy entsetzt sein würde bei der Vorstellung, mit einem Schwein unter einem Dach wohnen zu müssen. Jetzt hatte er die Bescherung. Jetzt konnte er keinen Rückzieher mehr machen.

Auf der Heimfahrt sagte er kein einziges Wort. Bauer Emmrich hatte ein Ferkel aus dem Wurf einer seiner Säue herausgesucht und es Lucy überreicht. Sorgsam in ein Handtuch gehüllt lag es jetzt in Lucys Arm. Lucy betrachtete ihren Vater von der Seite. Dessen Gesicht war immer finsterer geworden.

„Schau mal“, sagte Lucy, um ihn aufzumuntern. „Auf der großen Wiese baut ein Zirkus sein Zelt auf.“

Aber ihr Vater hörte gar nicht hin.

„Meine Güte“, murmelte er nur. „Was sag ich bloß deiner Mutter?“

Leserätsel

1. Welches Problem gibt es im Kuhstall?
2. Was muss Lucys Vater tun, um der Kuh Lisa zu helfen?
3. Welches Getränk bekommt Lucy von Bauer Emmrich vorgesetzt?

1. Das Kalb liegt nicht gerade, sondern quer.
2. Er muss das Kalb drehen.
3. Apfelsaft.

Ferkel auf der Flucht

Der Kommentar von Lucys Mutter war kurz.

„Ab unter die Dusche!“, befahl sie.

„Wer denn?“, fragte Lucy. „Ich, das Ferkel oder Papa?“

Lucys Mutter zog die Nase kraus.

„Am besten alle drei!“ Und damit verschwand sie in ihrem Zimmer.

Lucys Vater seufzte, dann ging er Lucys Mutter hinterher.

Lucy spitzte die Ohren. Es war deutlich zu hören, dass Lucys Mutter von einem Ferkel als Haustier genau so wenig hielt wie von einem Nilpferd. Lucy schnüffelte an ihrem Ferkel. Es roch ein wenig nach Stall, aber Lucy fand das nicht besonders unangenehm. Eigentlich waren Schweine ja sehr reinliche Tiere, nur manchmal wühlten sie ganz gern im Schlamm, um sich vor der

Sonne zu schützen. Ob Schweine allerdings gerne duschten, das wagte Lucy doch eher zu bezweifeln.

Das Ferkel war bislang ziemlich gutmütig gewesen. Die Fahrt vom Bauernhof zu Lucys Elternhaus hatte es klaglos überstanden, jetzt aber begann es in Lucys Armen zu strampeln.

„Na, na", machte Lucy und wiegte es ein wenig hin und her. Doch das schien dem kleinen Schwein auch nicht zu behagen. Mit einem kräftigen Strampler befreite es sich aus Lucys Armen und plumpste auf den Boden. Lucy kam gar nicht dazu, sich Gedanken darüber zu machen, wie zerbrechlich solche Ferkel waren, denn im Nu war das Ferkel unter dem Sofa verschwunden.

„Ferkel!", schrie Lucy. Sie warf sich auf den Boden und lugte unter das Sofa. Da saß ihr Ferkel ganz eng an die Wand gepresst und sah sie an.

„Komm, Ferkel", rief Lucy. Das Ferkel

rührte sich nicht. Offenbar hatte es nicht vor, jemals wieder unter diesem Sofa hervorzukommen.

„Uff“, dachte Lucy. Sie stand auf und ruckelte an dem Möbelstück. Es bestand aus massivem Holz und war furchtbar schwer. Schließlich gelang es Lucy doch, das Sofa ein wenig von der Wand wegzudrücken, doch – wusch! – das Ferkel sauste quer durch das Zimmer und verschwand unter dem großen Wandschrank.

„Ferkel!“, schrie Lucy wieder und dachte gleichzeitig, dass das Ferkel dringend einen eigenen Namen brauchte. Sie konnte das Ferkel ja schließlich nicht ständig „Ferkel“ rufen.

„Was ist denn hier los?“ Lucys Eltern stürmten ins Wohnzimmer. Offenbar hatten Lucys Schreie ziemlich durchdringend geklungen. Lucy zeigte auf den Wandschrank. „Das Ferkel hat sich versteckt!“

„Im Schrank?“, fragte Lucys Vater verwundert.

Lucys Mutter aber schüttelte bloß den Kopf.

„Pack schon mit an“, sagte sie zu ihrem Mann und begann, an dem Schrank zu ruckeln. Gemeinsam schoben Lucys Eltern den Schrank beiseite.

„Puh“, machte Lucys Vater. Das Ferkel hockte auf seinen Hinterbeinchen und sah zu ihnen hoch.

„Na, dann komm, mein Kleiner“, sagte Lucys Vater und streckte seine Hand aus.

Aber der Kleine hatte etwas anderes vor. Wusch! – war er wieder quer durch den Raum und unter das Sofa gesaust.

„Na warte“, brummte Lucys Vater. „Dich kriege ich.“

Er warf sich auf den Bauch und langte unter das Sofa.

„Aua!“ Hastig zog Lucys Vater seine Hand zurück und schüttelte sie hin und her.

„Das Biest hat mich gebissen!“, rief er wehleidig.

Lucys Mutter verdrehte die Augen.

Dann stapfte sie die Treppe hinunter.

Lucy und ihr Vater sahen sich an. Wie sollten sie denn ganz allein das Ferkel jemals wieder unter dem Sofa hervorbekommen? Es dauerte ein ganzes Weilchen, bis Lucys Mutter wieder bei ihnen war. In der Hand hielt sie ein Saugfläschchen voller Milch.

„Oh“, rief Lucy. „Meinst du, es hast Hunger?“

Lucy kam es vor, als guckte ihre Mutter ein wenig spöttisch, aber da konnte sie sich auch irren.

„Weißt du“, sagte ihre Mutter. „Bis Ferkel sechs Wochen alt sind, kriegen sie alle drei Stunden ihr Fläschchen Milch. Tag und Nacht! Und selbstverständlich braucht so ein Ferkel eine ganz besondere Milch. Dafür gibt es ein besonderes Ferkelmilchpulver, das muss man vorher natürlich anrühren. So, und jetzt rückt mal das Sofa beiseite.“ So schnell, wie Lucys Mutter zugriff, so schnell konnte das Ferkel nirgendwo hinlaufen. Gleich darauf nuckelte es zufrieden an der Flasche. Lucy aber schluckte. Sie hatte ihre Mutter schon begriffen. In nächster Zeit würde Lucy ausreichend beschäftigt sein …

Leserätsel

1. Warum wälzen Schweine sich im Schlamm?
2. Wie lange trinken Ferkel Milch?
3. Wie oft muss das Ferkel sein Fläschchen bekommen?

1. Um sich vor der Sonne zu schützen.
2. Bis sie sechs Wochen alt sind.
3. Alle drei Stunden, Tag und Nacht.

Ein verschnupftes Krokodil

Müde schlurfte Lucy mit der Milchflasche die Treppe hinunter. Müde? Lucy war müder als müde. Lucy hatte gar nicht gewusst, dass man so müde sein konnte.

Leider hatte sich das Ferkel genau an die Vorhersage ihrer Mutter gehalten. Es hatte alle drei Stunden einen fürchterlichen Hungeranfall bekommen. Pünktlich alle drei Stunden hatte das Ferkel einen gewaltigen Radau gemacht. Schlaftrunken hatte Lucy jedes Mal zur Milchflasche gegriffen und das Ferkel gefüttert.

Vielleicht gehörten kleine Schweine ja doch in den Schweinestall und nicht in ein Kinderzimmer? Egal, die Milch war alle und Lucy musste in die Praxis ihrer Eltern, um neue Milch für das Ferkel anzurühren.

Es war bereits später Vormittag und im Wartezimmer saßen lauter Tierbesitzer.

Kummervoll hielten sie ihre Lieblinge im Arm: Katzen, ein Meerschweinchen, ein Papagei – und natürlich war auch Benno zur Sprechstunde erschienen.

Benno hockte wie immer auf dem Schoß von Frau Wulle und atmete fiepsend.

„Komisch", dachte Lucy. Sie hatte Frau Wulle gar nicht heranklappern hören. „Da kann man mal sehen, wie erschöpft ich bin."

Freundlich grüßend ging Lucy durch das Wartezimmer zur Praxis. Wenn nicht gerade eine kompliziertere Operation stattfand, durfte Lucy jederzeit in den Behandlungsraum gehen und ihren Eltern bei der Arbeit zusehen – die Tierbesitzer freuten sich, wenn jemand ihre kranken Lieblinge bemitleidete und ein wenig streichelte.

Vorsichtig öffnete Lucy die Tür zur Praxis – und dann wäre ihr vor Schreck beinahe die Milchflasche aus der Hand gefallen. Was um Himmels willen war denn das? Auf dem Behandlungstisch lagen keine Katze, kein Hund und kein Meerschwein. Auf dem Behandlungstisch lag ein Krokodil.

„Mach die Tür zu“, sagte ihr Vater. „Bastian ist sowieso schon erkältet.“

Bastian? Dieses Krokodil hieß Bastian? Furchtbar gefährlich sah Bastian allerdings wirklich nicht aus. Er war bloß knapp einen

Meter lang, sein Maul war weit aufgerissen und er keuchte kläglich. Lucy bekam gleich ein wenig Mitleid.

Neben dem Krokodil stand sein Besitzer und auch er litt offenbar. Es sah aus, als wäre er kurz davor, dicke Krokodilstränen zu weinen.

„Darf ich vorstellen – Zirkusdirektor Pauli", sagte Lucys Vater. „Und das ist meine Tochter Lucy. Sie liebt wilde Tiere. Nilpferde zum Beispiel."

Natürlich – der Zirkus, den Lucy aus dem Auto gesehen hatte! Der Zirkusdirektor nickte Lucy traurig zu. Offenbar war er genauso empfindsam wie Bauer Emmrich.

Lucys Vater dagegen wirkte zuversichtlich wie immer.

„Machen Sie sich keine Sorgen, Herr Pauli", sagte er. „Eine Lungenentzündung ist es nicht. Und die Erkältung, die kriegen wir hin. Das ist nur ein kleiner Schnupfen. Ich gebe Ihnen etwas mit."

Lucy konnte nicht anders, sie musste

ihren Vater bewundern, auch wenn er so gerne schlechte Witze über Nilpferde machte. Ein normaler Arzt hatte es immer nur mit Menschen zu tun, ein Tierarzt aber musste ganz unterschiedliche Lebewesen kurieren. Lucy konnte sich nicht vorstellen, dass ein Meerschwein und ein Krokodil allzu viel gemeinsam hatten. Schließlich war ein Meerschwein ein Säugetier und das Krokodil war ein Reptil.

„Mach bitte die Tür zu“, rief Lucys Vater.

„Ist ja gut“, sagte Lucy, die ihre Augen nicht von Bastian lassen konnte. Sie griff hinter sich und wollte die Tür zudrücken – da ertönte ein furchtbares Gequieke.

Erschrocken fuhr Lucy herum. In der Tür klemmte das Ferkel und schrie aus Leibeskräften. Auch Bastian hatte das Ferkel gehört und augenblicklich hatte er seine Erkältung vergessen. Blitzschnell sprang er an den Rand vom Tisch – und plötzlich schien in der Praxis alles drunter zu drüber zu gehen.

„Achtung!“, rief Lucys Vater.

„Bastian!“, rief der Zirkusdirektor.

Lucy wollte ebenfalls irgendetwas rufen, doch dann besann sie sich. Hastig griff sie nach dem eingeklemmten Ferkel und barg es in ihrem Arm.

Der Zirkusdirektor besann sich ebenfalls. Er warf sich über den Tisch und packte sein Krokodil am Schwanz.

„Puh“, machte Lucy. Sie hatte das Ferkel schon im Rachen des Krokodils verschwinden sehen. Ihr Vater aber runzelte die Stirn.

„Kannst du nicht auf dein Haustier aufpassen?“, sagte er zu Lucy. „Ich glaube langsam, so ein Schwein ist wirklich nichts für dich.“

Dann sah er den Zirkusdirektor an. „Sagen Sie, Herr Pauli – haben Sie kein Nilpferd übrig?“

Leserätsel

1. Welche Tiere warten in der Praxis auf Behandlung?
2. Was fehlt Bastian?
3. Zu welcher Tierart gehören Krokodile?

1. Katzen, ein Meerschweinchen, ein Papagei und der Hund Benno.
2. Er hat eine Erkältung.
3. Zu den Reptilien.

Ein Haustier für Lucy

„Was kann Bastian denn eigentlich?“, fragte Lucy.

Direktor Pauli guckte erstaunt. „Können?“

„Na ja“, sagte Lucy. „In einem Zirkus muss man doch Kunststücke können.“

Der Direktor lachte. „Ach“, sagte er. „Bastian muss nur sein Maul aufreißen. Ich stecke meinen Kopf hinein, und wenn Bastian nicht zubeißt, ist das Kunststück gelungen.“ Direktor Pauli lachte wieder. „Keine Sorge. Bastian beißt nicht. Außerdem ist er ja nur ein kleines Krokodil. Mein Kopf passt gerade mal in sein Maul.“

Lucy betrachtete den Zirkusdirektor. Herr Pauli war ebenfalls nicht gerade groß und irgendwie passte er ganz gut zu seinem Krokodil. Lucy seufzte. Sie hätte auch gern ein Tier, das zu ihr passte!

Aber ihre Mutter hatte recht. Schweine gehörten wirklich nicht ins Kinderzimmer. Kleine Schweine brauchten ihr eigenes Kinderzimmer und das war nun einmal der Stall.

„Ich muss heute sowieso noch mal zu Bauer Emmrich“, hatte Lucys Vater gebrummelt. „Du kannst Herrn Pauli begleiten und Bastian nach Hause bringen. Ich hole dich dann nachher beim Zirkus wieder ab.“

Lucy hatte schon verstanden. Sie wollte auch gar nicht dabei sein, wenn ihr Vater das Ferkel wieder bei Bauer Emmrich ablieferte. Aber natürlich war es so für alle das Beste, vor allem für das Ferkel.

„So“, sagte Direktor Pauli und fuhr den Wagen auf die große Wiese. „Das ist er – der Zirkus Pauli.“

Einen so winzigen Zirkus hatte Lucy noch nirgendwo gesehen.

„Bestimmt haben die nicht mal Löwen“, dachte Lucy.

„Nicht mal einen kleinen.“ Dafür konnte Direktor Pauli offenbar Gedanken lesen. „Tja“, brummte er. „Es gibt bestimmt größere Zirkusse als unseren. Elefanten und Löwen haben wir natürlich nicht. Aber wir haben eine Katze, die einen Salto machen kann. Und einen Papagei, der zwölf Sprachen spricht. Und natürlich Bastian.“ Er lächelte. „Die Zuschauer haben jedenfalls immer viel Spaß bei uns.“

Sie hielten vor dem Zirkuszelt und sofort wurde es lebendig auf dem Platz. Ein Clown mit weiß geschminktem Gesicht und rot bemaltem Mund stürmte aus dem Zelt. Dem Clown folgte eine junge Frau, die in ihren Armen eine schwarze Katze hielt. Das war wohl die Katze, die den Salto machen konnte.

„Willkommen, bienvenue, welcome!“, krächzte es aus dem Zelt.

„Bestimmt der vielsprachige Papagei“, dachte Lucy.

Der Clown und die Frau sprangen um Bastian herum und auch Bastian schien sich über seine Heimkehr zu freuen. Jedenfalls

klapperte er munter mit dem Maul.

Lucy sah sich auf dem Zirkusgelände um – und da entdeckte sie es. Es stand ganz allein am Rande der Wiese und rührte sich nicht. Es sah so aus, als wäre es ganz und gar in traurige Gedanken versunken. Es war das schönste Pony, das Lucy sich vorstellen konnte.

Direktor Pauli bemerkte Lucys Blick sofort.

„Du kannst ruhig hingehen und es streicheln“, sagte er. „Es ist schon sehr alt, aber es hat Kinder gern.“ Lucy ging langsam auf das Pony zu.

„Lars“, sagte der Direktor, der Lucy gefolgt war. „Es heißt Lars.“

Der Direktor seufzte. „Lars ist ein Islandpony und Islandponys werden sehr alt. Fünfunddreißig Jahre und älter. Lars ist bestimmt schon dreißig, und jetzt ist er einfach zu alt, um noch geritten zu werden. Und ein paar Wehwehchen hat er auch schon. Was sollen wir mit ihm tun? Weißt du nicht jemanden, der ihn nehmen könnte?“

Lucy streichelte Lars vorsichtig über den Rücken. „Mach dir keine Sorgen, Lars“, flüsterte sie. „Meine Eltern und ich, wir machen dich wieder gesund!“

„Kommt gar nicht in Frage!“ Lucy fuhr herum. Hinter ihr stand ihr Vater. Herrjeh – den hatte sie gar nicht kommen hören. Jedenfalls hatte er verflixt gute Ohren.

„Kommt gar nicht in Frage“, wiederholte ihr Vater. „Das machst du ganz allein!“

Lucy stutzte einen Augenblick – und dann sprang sie ihrem Vater in den Arm.

„Wirklich?“, rief sie. „Ich darf Lars behalten?“

„Na ja“, brummte der. „Mit einem jungen und gesunden Haustier kannst du doch gar nichts anfangen. Und weißt du auch, warum?“

Lucy schüttelte den Kopf.

„Ganz einfach“, lachte ihr Vater. „Weil du nun mal eine richtige Tierärztin bist.“

Leserätsel

1. Welches Kunststück kann Bastian?
2. Wie viele Sprachen spricht der Papagei vom Zirkus Pauli?
3. Wie alt kann ein Islandpony werden?

1. Er kann sein Maul aufreißen und beißt nicht zu, wenn Direktor Pauli seinen Kopf hineinhält.
2. Er spricht zwölf Sprachen.
3. Fünfunddreißig Jahre und älter.

Lese-Spaß mit der LeseBiene

ISBN 978-3-8000-5428-2

Diese und weitere tolle Geschichten gibt es unter **Lesestufe 1**

Lisa lernt reiten	ISBN 978-3-8000-5399-5
Der mutige Ritter Rudolf	ISBN 978-3-8000-5269-1
Nestor, der kleine Drache	ISBN 978-3-8000-5332-2
Pitt, der kleine Pirat	ISBN 978-3-8000-5281-3
Rosa, die kleine Prinzessin	ISBN 978-3-8000-5278-3
Tim bei der Feuerwehr	ISBN 978-3-8000-5336-0

je 32 Seiten, ca. 30 Wörter pro Seite

ISBN 978-3-8000-5427-5

Diese und weitere tolle Geschichten gibt es unter **Lesestufe 2**

Emma und Schnüffel	ISBN 978-3-8000-5280-6
Julia und das neue Pony	ISBN 978-3-8000-5270-7
Leon und die Dinosaurier	ISBN 978-3-8000-5398-8
Luisa lernt das Hexen	ISBN 978-3-8000-5331-5
Mia entdeckt die Tiere im Wald	ISBN 978-3-8000-5279-0
Paul, der Polizist	ISBN 978-3-8000-5335-3

Je 32 Seiten, ca. 40 Wörter pro Seite

ISBN 978-3-8000-5425-1

Diese und weitere tolle Geschichten gibt es unter **Lesestufe 3**

Enuk und die Schlittenhunde	ISBN 978-3-8000-5378-0
Ferien am See	ISBN 978-3-8000-5334-6
Der kleine Grieche	ISBN 978-3-8000-5347-6
Der kleine Wikinger	ISBN 978-3-8000-5282-0
Piratengeschichten	ISBN 978-3-8000-5272-1
Ponygeschichten	ISBN 978-3-8000-5271-4
Um Mitternacht ist Geisterstunde	ISBN 978-3-8000-5330-8

Je 48 Seiten, ca. 60 Wörter pro Seite

ISBN 978-3-8000-5426-8

Diese und weitere tolle Geschichten gibt es unter **Lesestufe 4**

Detektivgeschichten	ISBN 978-3-8000-5273-8
Freundschaftsgeschichten	ISBN 978-3-8000-5274-5
Der kleine Ägypter	ISBN 978-3-8000-5283-7
Kleiner Floh sucht einen Namen	ISBN 978-3-8000-5379-7
Der kleine Römer	ISBN 978-3-8000-5348-3
Leas Traum vom Tanzen	ISBN 978-3-8000-5333-9
Robin Hood	ISBN 978-3-8000-5329-2

Je 48 Seiten, ca. 100 Wörter pro Seite